打造日式爱的小窝

〔日〕岩上喜实 著　　于淼 译

世界图书出版公司

北京·广州·上海·西安

愉快地交流意见

一起生活之后……

总是很开心·♡

Happy Life♡

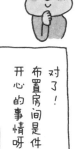

幻想中……

对了！布置房间是件开心的事情呀！

两个人布置的，两个人的房间。

同烦恼、共欢乐，一起来做吧！

开始打造新房间

回顾在父母家的生活

布置房间之前……

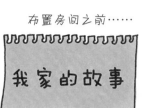

我家的故事

母　　　　父

妹　　　　我

FUJI

奇怪的摆件

干花

乱糟糟

虽然感觉很温馨……
有时惬意，有时也会吵架，

家里有4个人1只狗，大家都爱把自己喜欢的东西乱塞。

用大头针把布别住……

乱七八糟

不要啊～

这么说来……

趁还是二人世界时，想过既安稳又时尚的生活！

第 1 章

打造爱的小窝

能增进交流的沙发的摆放方式、能让两人友好分配房间的方法……让我们一起来探索提升两人幸福感的房间打造法吧!

分配房间

决定好各自的"主角房间"就行了!

舒心地分配房间是舒适生活的关键.
按顺序来决定令两个人都满意的房间分配方式吧!

分配房间的顺序.

1 把彼此的"Dream"写在房屋平面布置图上吧!

2 哦呵呵
两个人把想做的
事随意地写上

确认两个人各自的生活方式.

 在家工作.  白天在外面工作.

弄清楚差异之后就好办了.

3 决定各自的"主角房间"和"友好房间".

在分配房间时,尊重
差异是友好的秘诀.

4 房间分配好啦!就这样生活吧!

OK!   那接下来就根据
这个来添置东西吧!

1 先写下梦想吧!

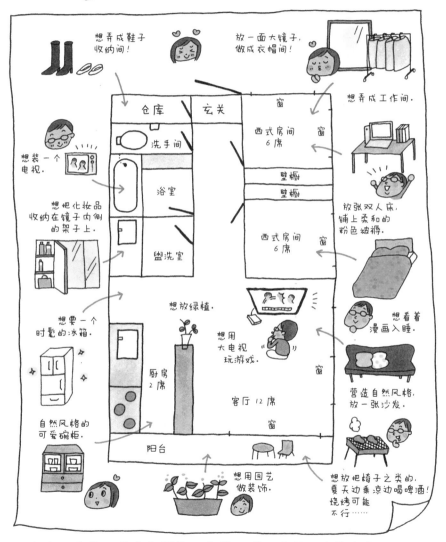

想弄成鞋子收纳间!

放一面大镜子,做成衣帽间!

想弄成工作间.

想装一个电视.

想把化妆品收纳在镜子内侧的架子上.

放张双人床,铺上柔和的粉色被褥.

想要一个时髦的冰箱.

想放绿植.

想用大电视玩游戏.

想看着漫画入睡.

自然风格的可爱碗柜.

营造自然风格,放一张沙发.

想用园艺做装饰.

想放把椅子之类的,夏天边乘凉边喝啤酒!烧烤可能不行……

仓库　玄关　窗

洗手间

浴室

盥洗室

西式房间 6 席　窗

壁橱

壁橱

西式房间 6 席　窗

厨房 2 席

客厅 12 席　窗

阳台

窗

在这一步骤不用有所顾忌,友善地提出自己的主张就好.

对方期待什么样的生活？

2 确认两个人的生活方式

 **我的情况** 一周有五个白天在外工作。

被物品包围的生活……

- 书和杂货，总之东西很多。
- 因为不想让客厅塞满东西，所以想在卧室放个柜子
- 晚上想在客厅舒舒服服地度过，在那读读书，看看DVD。
- 喜欢料理，因此对用具也很讲究。

始终在家里工作。**他的情况**

- 因为在家工作，所以想要一间能集中精神的房间。
- 有大量纸质的资料、书籍。
- 偶尔休息时，想在家悠闲地玩玩游戏，看看书。

满满当当

睡前在床上看漫画最幸福了。

时间不规律，想要一个悠闲的休息日！

晚饭时间也保证不了……

东西多……
→ 收纳空间的分配很重要。

两个人都很重视在客厅的休闲时光。
→ 这部分两个人一起设计吧。

他的房间是必须的吗？
→ 我也想要自己做主的房间！

看出房屋大致的使用方式了吧？

简单总结一下就是这样

3 把各自的"主角房间"定在这里吧

有了"主角房间"的话……

① 在室内设计上可以坚持自己的特色.

② 可以分担家务.

有这样的优点哦.

就这么干.

我的房间

厨房!

这里!

想备齐喜欢的烹饪工具.

还想用喜欢的围裙.

在这里用上他不喜欢的图案和可爱的小装饰!

决不让步

他的房间

工作间!

这里!

由于要集中精神, 所以不能在客厅工作!

想要伸手就能够到资料的书架.

周围的机器不少, 而且资料也在不断增多, 所以一间以工作为主的房间十分必要.

我也在这里做插图工作!

决不让步

在他做饭时, 不由得监视起贵重的锅来.

甜甜蜜蜜？

这 3 间是"友好房间"

两个人的酒会.

作为共同空间，"友好房间"要尊重两个人的想法来布置！

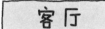
客厅

想布置一间能让人在家好好放松的客厅，因此家具和家电都要精挑细选！

IDEE 的灯   KARIMOKU 的沙发

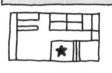
卧室

能消除一天疲惫的卧室，为了第二天能精力充沛地起床，得好好挑选被褥和床！

想放一个加湿器.

浴室

我们两个都很喜欢的浴缸，好想把它设计成能久待的空间啊。

TV

4 房间分配好了，就这样生活吧!

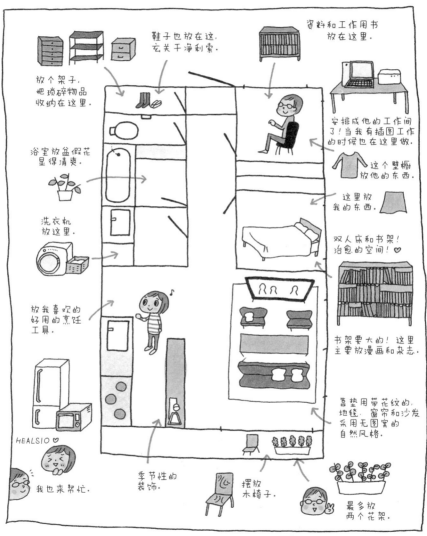

资料和工作用书放在这里。

鞋子也放在这，玄关干净利索。

放个架子，把琐碎物品收纳在这里。

安排成他的工作间了!当我有插图工作的时候也在这里做。

浴室放盆假花显得清爽。

这个壁橱放他的东西。

这里放我的东西。

洗衣机放这里。

双人床和书架!治愈的空间! ♡

放我喜欢的好用的烹饪工具。

书架要大的!这里主要放漫画和杂志。

靠垫用带花纹的，地毯、窗帘和沙发采用无图案的自然风格。

HEALSIO ♡

我也来帮忙。

季节性的装饰。

摆放木椅子。

最多放两个花架。

感觉差不多完成了呢。

什么是适合两个人友好生活的房间呢?

转不开身, 或是被对方弄出的动静打扰到的话, 很容易吵架……
因为不想那样, 所以为了能好好相处也要合理布置房间哦!

接下来往家里添东西就行了!

一边看房屋平面图——

房间布局也分配好了。

平面图

开会决定大件物品的摆放位置。

沙发放这?

嗯嗯。

这里怎么办?

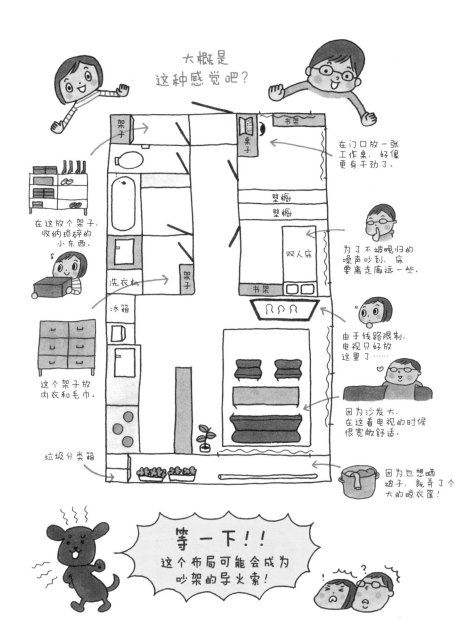

让我们重新看一下
行不通的地方吧!

NG点 **1**

沙发和桌子的位置

因为注意不到在厨房
干活的她,所以可能
不会去帮忙……

拥挤感觉好

进入客厅的时候,
有长条的东西横在中间
显得狭窄。

不行啊.

NG点 **2**　床的位置

放这里的话,头离墙近
能听到电视的声音,干扰
睡眠!而且壁橱门也不好开!

咣当

嗯

好吵啊.

书架

NG点 3 桌子的位置

书架

壁橱

吧嗒 吧嗒

玄关和走廊的生活杂音让人分心，面向这里无法集中精神……

NG点 4 去往阳台的过道

沙发和观叶植物放在通往阳台的窗边，十分碍事，每次过去都很费劲！压力都累积起来了。

沙发好碍事啊。

NG点 5 仓库架子的位置

呀—

架子

自由空间太大了，纸箱到处都是……

越堆越多

不过没关系！
改变一下布局就能轻松
打造出有爱的房间啦 ♡

修正点 1
改变沙发和桌子的角度，
相互照看！

在厨房干活时，
瞥一眼客厅就
能看到他！
一想到他能看见
这边，我就
干劲十足！

熊熊燃烧

休息放松的
时候能看到
厨房！看到她
努力的样子，
不由得想
帮忙呢。

我来帮忙！

修正点 2 改变床的位置，让卧室变成
能静下心的空间！

早起出门的时候，
由于壁橱离床远，
可以静静地开关。
我的枕头放到里侧。

书架比头的高度
低一些。

修正点 3 **把书桌挪到可以集中精力的地方！**

书架

把桌子放到角落里的话，就不会注意到走廊的声音了！

采光好，感觉放松。

修正点 4 **设计一条能轻松走到阳台的过道吧！**

径直走到放洗衣机的地方。

在这里做园艺、晾衣服什么的。假如没有碍事的家具，就能够无阻碍来去无压力！

轻松晾晒大件物品。♡

修正点 5 **使用衣帽间格式的仓库！**

因为没窗户，所以左右紧紧地摆满架子，中间留出一条过道，这样可以收纳许多东西！

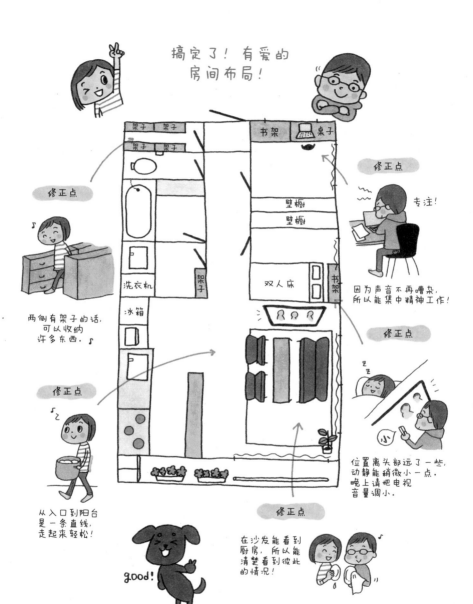

搞定了！有爱的房间布局！

修正点

两侧有架子的话，可以收纳许多东西。♪

修正点

从入口到阳台是一条直线，走起来轻松！

good!

修正点

专注！

因为声音不再嘈杂，所以能集中精神工作！

修正点

位置离头部远了一些，动静能稍微小一点。晚上请把电视音量调小。

修正点

在沙发能看到厨房，所以能清楚看到彼此的情况！

有干劲了！

好明智的行动啊～压力路线也减半了！

总感觉……

小总结

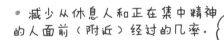

变动布局时要注意哦·

- 减少从休息人和正在集中精神的人面前（附近）经过的几率.

- 休息区要设计成能看到对方的格局.

嗯

- 就算是"主角房间"，也要留出让对方进来的余地.（不要弄成自己独占的房间）

目标！
减少**3**成行李！

那么把我们的东西搬进去吧。

大件物品的摆放已经确定了。

你才是，相似款的长靴啊鞋子啊一大堆！

这都什么啊？运动衫太多了！这么破的还要吗？

吵嘴剧场拉开序幕。

话说全撤进去是不可能的啊！

喂！！

推开

奇怪的毛绒玩具！

奇怪的漫画手办！

杂货太多了！

哑铃没在用吧！

因为是回忆嘛

别人送的

因为很贵

充满回忆的物品会让心走火入魔的，处理掉吧！

没关系！！各自减少三成之后就会精简很多了！

一个人的东西就这么多啊……

颤抖

② 分清需要的和不需要的

虽然是名牌，但3年没穿过了……

① 按季节分类

衣服

先从我开始……

春 夏 秋 冬

④ 把要留下的、可以改的和要处理掉的东西分开

漂亮干净的东西可以卖二手或送给朋友。

处理

留下

用久一点

修理

喜欢的旧靴子拿去修理一下。

③ 犹豫的话就穿一下试试

这什么啊！！

呦，好像还能穿。

\ 咻 /

旧杂志

把喜欢的页撕下来
收进文件夹里,
其余的扔掉!

戴过的护身符拿到神社烧掉。

结缘御守

护身御守

别人送的东西

小东西和书籍

谢谢……

拍照之后含泪扔掉!

没用的饰品可以送给别人或拆成小零件收起来。

零件可以做成发圈。

把近5年的贺年卡夹在一起,其他的扔掉。

袖子脏了的针织衫,把袖子剪掉做成半袖家居服。

不送人的东西

收拾整洁之后再送人

谢谢……

怀着这种心情

要送人的东西

要处理的东西

好好擦拭

不穿的T恤剪成小抹布。

嗡

去除毛球。

弄整洁。

为防止犯罪,要把内衣剪碎或用纸包严实再扔。

要扔掉的东西请遵守地方自治体规定哦。

名牌货处理给二手衣店。

\ 多谢 /

注意处理方法

在网上卖二手。

电池

瓶子

别忘了小东西的分类,电池也要单放。

捐到国外或有关机构。

慈善

把朋友聚起来卖掉旧物。

保重哦。

那些踏上下段旅途的物品

眼镜

有两本买来收藏的电影宣传册,把其中一册二手出掉了卖了9000日元!

PRADA 的凉拖只穿过一次,卖了15000日元!

把短连衣裙送给妈妈当长上衣穿。

没用过的碗和锅送给双方父母。

把收集的小熊玩偶送给朋友的孩子。

没用的香体喷雾给妹妹。

把他用过的桌子和电视柜成套卖给二手商店,得到5000日元。

把收集的大量环保袋送给家人和朋友。

DEAN&DELUCA

没用过的餐具赠品套装送给单位(书店)的休息室。

有点不合身了,送给苗条的姐姐。

整洁!

可是就算行李减少了,搬家也很辛苦呢!

嘿呦。

行李收拾利索了,开始新生活吧!

我原来可喜欢它了,好好玩,我会很开心的哟。

嗯呀。

求指点！有"我们"风格的房间

刚开始和喜欢的人一起生活，虽然很开心，可是却不知从何下手才好。于是，我向专家请教了布置房间的基础知识。

♥ 在布置房间之前……

在 2～7 页，岩上两个人在房屋平面图上描绘了房间分配的情况，在开头这么做是十分正确的！因为两个人能够在这个过程中了解对方的生活方式、价值观和喜好（= life style）。

虽然室内装饰杂志上刊登的房间时尚美观，可对我们来说那样未必住得舒坦。那种房间是其他人的作品，而不是为我们而存在的。

专栏·铃木理惠子

profile
室内设计师、建筑顾问，曾给住宅、医院、样板间做过室内装饰设计，现为自由职业者，在杂志和网上撰写室内装饰的文章。All About (Http://allabout.co.jp) 同时积极从事导游工作。【资格】室内设计师、二级建筑师、福利住宅环境室内设计 2 级。

也许人们觉得理所应当，不过所谓的室内装饰确实能反映出居住者的生活方式。不管有多么时尚美观，可如果充斥着别人家似的不安感，那就很难长住下去。

了解生活方式是布置房间的基础工作。第一步既不是看室内装饰杂志，也不是逛家具商店，而是一直以来各自生活的两个人去了解彼此的生活方式。

请大家务必试试在布置房间之前，一边看着房屋平面图一边写下"哪个房间做什么用"吧。

♥ 享受两个人的差异

那么，了解彼此的生活方式固然不错，可此前各自生活的两人之间的差异还是很让人在意啊。不过，这都不是事儿！有办法打造出适合两个不同的人的房间。

不如享受彼此的差异吧！怀着这种心情的话，会浮现出好的创意哦。

比如说，如果就寝时间不同，为了不干扰对方的睡眠，可以活用床头灯和地灯；如果他不擅长做家务，可以在客厅留出大一点的空间来熨衣服和整理洗好的衣物，营造一起做家务的气氛……用这样的方法布置出的房间，既让双方感觉舒适，又能让彼此产生体谅之心。

另外，布置房间时切记要考虑和房间的相处之道。"房间小，所以让东西少点，显得房间大点吧"，"就算东西很多也要整理得什么东西在哪都一清二楚"等等，有了和房间好好相处的基本方针之后，布置房间的时候就不容易迷茫了。

整理洗好的衣服，
竟然这么占地方。

♥ 就算再恩爱，也别贴太紧

　　那么，布置房间的准备工作就绪之后，接下来要考虑的就是布局了。如果设计不合理，会产生诸如两个人撞到、拿东西不方便、过道不通畅等许多房间里的小不满。这些小压力也许会导致吵架。

　　谁都想避免这种问题对吧。关键就是要确保"动作空间"。这个词看着有点艰涩，其实要点就是在人手脚的活动范围之外，把家具的大小＋α 的富余这个尺寸考虑进去就可以了。

　　举例来说，他要想从坐在椅子上的你背后经过的话，需要 100cm 以上的动作空间。如果比这个窄，腿可能就会被椅子绊一下。另外，墙和家具之间需要 60cm 以上的距离（低矮家具也得需要 50cm），桌椅之间需要 30 ～ 40cm 的空隙，像这样，如果保证了两个人动作所需的空间，人就不会撞上家具，两个人就可以无压力地在房间里幸福生活了。

小事会成为意想不到的压力。

♥ 用"看得到的景致"改变房间的气氛！

　　设计布局时，不仅要注意尺寸，抬头所见的房间景致也很重要。同样，在餐厅里，看得到窗外景色的位子很受欢迎，而朝向洗手间的位子就不受待见了！房间也是如此，请务必留意进屋时和久坐位置所看到的景致。

　　如果不易看到遮挡视线的家具，房间就显得宽敞，面对院子或阳台时，有一种开放感。此外，倘若视线所及之处有装点着绘画的墙面或陈列品，会比较有时尚气息，只要稍微变动一下布局，房间的气氛就会大为改变。随着季节变幻尝试多种布局，或许也是件乐事呢。

进屋时，没有视线交汇的房间会让对话减少的。

♥ 两个人的"视线方向"可以让对话增多!

让人完全没有视线交集的房间,未免太过寂寞了。可话说回来,常常四目相对也很累人。拿客厅的沙发来说,本文中的沙发是按对面型摆放的,可实际上I型和L型的布局更容易促进对话,营造容易亲近的氛围。按I型或L型来坐的话,身体距离近了,视线也会有温和的交流,可以增进亲近感。

所以在这种情况下要灵活把握,平时两个人想专心读读书的时候就并排坐;来客人的时候,可以面对面坐。

只要微调一下现有家具的位置就能使房间里的对话增多,所以请务必利用以上内容,找到两个人觉得最舒适的布局。我在精神上支持大家!

促进交谈的坐法。

L字型　　　　　I字型

第 2 章　以时尚房间为目标

消除对"土气"房间的不满！只要稍微改变一下色彩的选择和购物方式，就能让房间时尚起来。

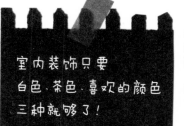

一想到父母家……

民族风和碎花混杂在一起，总感觉色彩和图案有点混乱，所以……

室内装饰只要
白色·茶色·喜欢的颜色
三种就够了！

室内装饰和服装是一个道理。

就算搭配了大量色彩和图案，也只会让人感觉太过了。

这样搭配房间的话……

哇

③ 最后是装饰色

选择喜欢的颜色或适合的颜色。

蓝

红

② 接下来是经典色

从黑色、茶色、灰色、藏蓝这几种中选择一种。

① 先决定基本色

基本色是白色。

① 决定基本色

白底色有让房间
看起来宽敞的优点.

如果房间大体是茶色的,
那基本色就是茶色。
看起来肯定成熟些

和墙壁、地板
等面积大的部分
相匹配的话,就
好做决定了。

想要自然明亮
的效果,所以
白色不错呢!

哪怕是深色地板,只要用上
基本色的地毯就变得明亮了!

选择房间的颜色也是同样道理.

② 决定经典色

有了亮色的木制家具,
喝茶也会开心的吧?

除了地板和墙壁之外, 家具
占地最多, 选择与白色相配的
亮茶色!

家具腿也采用
统一色调,
时尚感立现!

③ 选择作为亮点的装饰色

蓝? 绿? 红? 黄?

装饰色最好选择
两个人都喜欢的颜色。

我们家选择
苔绿色!

推荐和观叶植物百搭的
四季万能色——苔绿色!

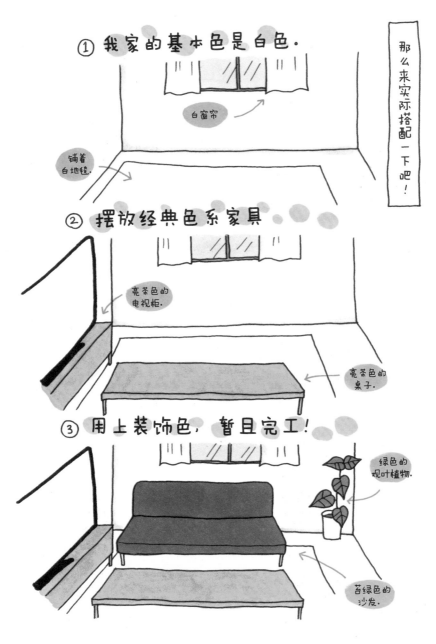

① 我家的基本色是白色.

白窗帘

铺着
白地毯.

那么来实际搭配一下吧！

② 摆放经典色系家具.

亮茶色的
电视柜.

亮茶色的
桌子.

③ 用上装饰色, 暂且完工!

绿色的
观叶植物.

苔绿色的
沙发.

点缀以带花纹的物品.

画框

摆放带花纹的和素色的靠垫.

可以放一张餐垫.

集中在3种颜色上的话,有如下好处!

画框制作法乱入!

这个颜色!

在大型室内装饰商店也不再迷茫!

虽说挺酷的,不过可能不适合我家……

不会再稀里糊涂地买东西了!

房间看着时髦了呢!

还省钱了.

好开心!

准备简单的木头相框.

把喜欢的花布包在硬纸板上.

把厚纸板放入相框就行了!

可以随季节变化更换里面的图案!

UNICO 的柜子.
73920 日元

10次冲动购物 也比不上 1次理智消费!

这个毛巾挂好可爱,买了吧.

杯子和茶托都好可爱!买下.

蜡烛也想要~买了.

那个也要!

要这个

餐垫和木制餐具都买了吧~♪

买个餐垫吧!

今天呢~

我购物的时候……

虽然很可爱……

东西又变多了.

回家之后——

快点给他看看.

喜滋滋♥

比如，一直惦记着想要的单品是什么？

那么，如果每个月都像你刚才那样浪费一次的话，浪费几次的差额就够买它了吧？

unico的柜子想当碗柜用。

73,920 日元

嘿嘿

少浪费10次就能买下了！

嗯……大概除以 7,000 日元……

啊

心仪的柜子 ♡
73,920日元÷7,000 日元
= 10 余 3,920 日元

……这么说来。

没错！只要能忍住不乱买东西的话，一年之内就能买到想要的单品了！

积少成多……

哇

耶！~

Column 2 　**别以为照明只是灯而已！**

♥ 用照明可以丰富房间的种类！？

要是房间多一点就好了。你是否也曾这样想过呢？

我常这么想。为了不用搬进大房子就能增加房间数量，我研究出的必杀技就是改建！

……才怪啦。方法很简单，仅仅在照明上下功夫就可以了。例如，客厅平时灯火辉煌的，把这里的灯稍微调暗一点之后，马上变成适合小酌的空间了。在咖啡店之类的地方也一样，有的店会在太阳西下时把灯光调暗，营造出安宁的氛围，而我们在自己家也同样能做到。这样一来，一间客厅就可以带来双倍的乐趣了。

这样想来，照明真是不容小觑呢。不要仅仅把它当做照亮房间的道具，而是要进一步想到其他效果，可以让现有的房间带来 2 倍、3 倍的享受。请务必好好利用哦！

饮酒时
用暗光

♥ 知道就是赚到，电灯泡基础知识

照明会因选择的电灯泡不同，产生的光线和电费也不同。因为是每天都用的东西，所以都希望选择既好用又节约的灯泡吧。下面介绍一下在设计照明时会用到的普通家用电灯（白炽灯、荧光灯、LED）的基础知识。

■ 白炽灯

暖光、显得空间宽敞，单价便宜。有让食物看起来美味的效果，适合餐桌。而且，由于一按开关就亮，也适用于洗手间这种短时间使用的地方。

通过调光器装置（调整光量的开关）能够调整亮度，轻松转换房间气氛，这也是白炽灯的优点。不过，由于它耗电多、电费高、寿命短，再加上要削减二氧化碳排放量，对它的需求正在逐年减少。

■ 荧光灯

　　光线均匀且不易有影子，适用于烹饪和做针线活的场所。光的颜色大致分为两类。偏白的"日光色"近似于白天的光线，能让人清晰辨别颜色，适用于壁橱和化妆台。

　　和白炽灯类似的"暖光色"有种温暖宁谧的感觉，适合客厅或餐桌那种宽敞空间。与白炽灯相比，它具备耗电低、使用寿命长的优势，适合长时间开灯的房间。而且为了削减家庭的二氧化碳排放量，人们推崇用荧光灯来取代白炽灯。

　　不过，虽然荧光灯也能通过照明装置调整亮度，但并不普遍。另外，遗憾的是日光色荧光灯调暗后会有种淡淡的孤寂感，所以我并不推荐您用这种灯光打造某种程度上的房间效果。

■ LED

耗电量约为白炽灯的十分之一，使用寿命 4 万小时左右，是一种广受瞩目的小型新品电灯泡。住宅用的 LED 灯和荧光灯一样，分为"日光色"和"暖光色"。

由于它寿命长、成本低，建议用于长时间照明的常夜灯和日照不足需要照明的位置。另外，因为它很耐用，不用频繁更换，也适合给楼梯井等等不易够到的地方照明。

不过，因为 LED 的光有直线照射的特性，当把传统的白炽灯泡换成 LED 灯泡时，可能会出现光没有向四周扩散、光线变暗的情况，需要加以注意。此外，还有价格仍然居高不下、亮度逊色于其他照明的缺点。所以，现在整体照明使用荧光灯，以往用白炽灯的装饰架和桌子上方等局部照明使用 LED 灯，这样大概比较好。

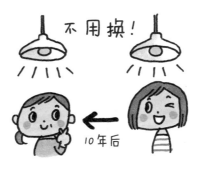

那么，选好电灯泡之后，该愉快地挑选灯具了。最近，市面上出现了许多便宜的枝形灯，看着就让人心动呢。大家选择自己喜欢的款式就好，在这里我简单介绍一下选择灯具时需要注意的内容。

首先是乳白色亚克力、玻璃、纸、布等材质的灯罩包住整个灯泡的灯具，相同瓦数下这种灯会显得暗，在店里看看开灯的效果比较放心。还有，下面开口的伞形灯罩能直接看到灯泡，所以最好不要用在像卧室这种从下往上看的地方。

出人意料得好用的是间接照明。光照不到手边，自然不适合看书，可是只要有一盏就能让住家感彻底消失，取而代之的是和平时截然不同的绝佳气氛。而且还能显得天花板更高。

抬头看的时候……

好刺眼

晃眼

♥　灯座是万能的！

　　有的朋友住在公寓之类的房间，灯具都是配置好的，无法自由进行各种更换。这时，灯座就派上用场了。

　　例如，把灯座放到在客厅坐着的高度附近，不仅可以为读书照明，还可以把低处照亮，营造出一种舒适安宁的氛围。另外，朝向墙边打光会让房间看起来更宽敞。可以把灯都点亮营造明亮华丽的氛围，也可以调暗几盏灯烘托气氛，这正是能让房间百变的万能单品。先从灯座入手也许不错哦。

朝上变成时尚的间接照明♥

读书时朝下，照亮手边。

第 3 章　　　　　去购物

那么，终于要买东西啦！让我们安排好有限的预算，置办既美观又实用的家具家电和杂货吧！

要出售和剩余的物品

处理的物品

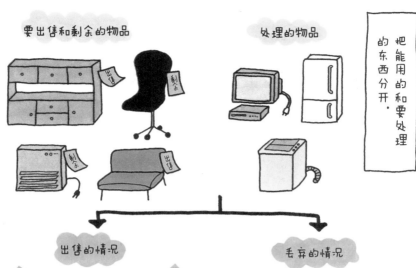

把能用的和要处理的东西分开。

出售的情况

丢弃的情况

送到回收中心，或让人上门来取。

电话里需告知理想时间、家具尺寸和使用年数。

基本上都卖不掉，所以做好免费让人取走的思想觉悟吧！

嗯，就当扔掉了吧！

我们的情况是……

联络回收中心的人上门，估价后当日就取走了。

5000日元

碗柜马上就卖掉了。

虽说有点费功夫，不过一般都委托地方自治体或专业人员。根据自己的生活方式选择适合的！

地方自治体……通过电话或网络申请

接到取货日期的联络

当天早上，把东西搬到自家或公寓前面

时间和日期不灵活，而且得自己往外搬，所以有点辛苦！

专业人员……看过要丢弃的物品之后，做出估价。

FAX和邮件都可以

在你要求的日期上门取货（到家里取货！）

虽然灵活，但费用是地方自治体的数倍，甚至更多……

剩余物品

那么，接下来
把必需品的预算
写下来吧！

冰箱（256L）··· 预算 150,000 日元

照明器具 ······· 预算 40,000 日元

洗衣机 ······· 预算 200,000 日元

厨房用品 ····· 预算 50,000 日元

吸尘器 ······· 预算 70,000 日元

电饭煲 ······· 预算 70,000 日元

桌子（客厅用） 预算 100,000 日元

沙发（客厅用）·· 预算 100,000 日元

窗帘·地毯 ··· 预算 50,000 日元

床（双人床）·· 预算 150,000 日元

微波炉 ········ 预算 100,000 日元

其他（毛巾·卫浴用品）预算 15,000 日元

total. 1,095,00 日元

LED 灯泡好贵!

哇

去购物后，会发现更多需要的小东西。

要花好多钱呢……

用省下的钱买些小东西

LED 灯泡

节能插线板

电磁炉垫子

净是些预算之外的东西!

窗帘打折了! SALE!

有100万日元左右的话，就能大体上置办齐全了。

旧款吸尘器只要40000日元。

话虽如此，不过一定会有低于预算的东西，招省下的那部分补贴到亏空的地方就可以了!

有计划地购物

呀! 钱不够了!

可能会有

这种情况哦。

闪耀

床是预算内的高级货!

king Size ♡
（特大号双人床）

低价搞定后变得大意，导致后来超出预算可是很危险的!

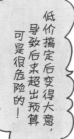

我们买得
超成功的东西

amadana 冰箱
（ZR-241）147,000 日元

我们俩之前就定好要这款冰箱，可是很纠结选什么颜色。最后没选择酷酷的黑色，而选择了和房间协调的白色！

冷冻室 93L
冷藏室 163L ）256L

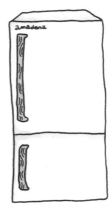

在客厅能看到冰箱开合的样子，所以把味噌和切好的蔬菜放进统一的白色便当盒里！

Panasonic 喷瀑系列洗烘一体机
（NA-VR5500L）200,000 日元

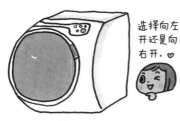

选择向左开还是向右开。♡

把鞋子放进去，按下除菌按钮后，皮鞋也能变清爽！还能把雨天的湿运动鞋烘干，让玄关不再有气味。

因为经常在晚上使用，所以要静音的！能洗9kg的衣物真是太好啦♡

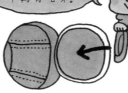

三菱IH 电饭煲 无蒸汽 IH*

(NJ-XS10J) 80,000 日元

很有设计感，光那么放着就很好看，所以当时就决定买下了！因为这款电饭煲的卖点是无蒸汽，所以就算在蒸饭的时候开上方的柜门也不会被烫到，很安全！平整的造型清洁起来也很方便。

greeniche 单人沙发

一组 2 把 75,000 日元

直接订购了常去的咖啡店的沙发！苔绿色和材质都很喜欢。

同样

greeniche 电视柜

60,000 日元

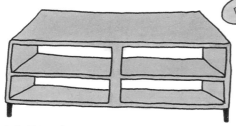

因为要放在客厅，所以把柜脚弄成了和沙发一样的颜色，营造统一感！希望用惯了以后能和房间融为一体。

放电视正好！关键是要选择和桌子一样的木材！

* 译者注：IH 是电磁加热的缩写。

疑

是不是买错啦……?

虽说按计划购物没错，不过也有些
让人感觉不对劲的东西……

SHARP水波炉 100,000 日元

虽然打算在充分调查之后购买……

砰!

在宽敞的商店
明明没感觉怎么
样……结果放在
厨房显得好大!

打击

入手后第二个
月就出了新款,
一下子就
降价了!!

要是再仔细

研究一下的话就好了!

就算失败了……

也可以补救!

本来觉得
尺寸有点大,
不过可以轻松
烹饪整条鱼!

微波菜谱
COOK BOOK

运用自如,
好好享
受吧~♡

然而在使用过程中……

要想成功购物 信息收集是关键！！

① 上网看评论！

在网上收集乐天网上的评论、价格、活用家电购物网来确认打折日期.

无蒸汽IH超人气！周日有折扣

② 向店员咨询

虽然想多逛几家店，可如果时间不充裕的话，可以只去本地口碑好的店. 表现出在那里成批购买的意愿. 并且和卖场负责人好好沟通的话，打折和售后服务都好商量！

能便宜多少？

这么大够两个人用吗？

③ 向过二人生活的前辈请教！

能够打听到比①更详细的内容！可以看到实际使用情况也很让人开心.

很省电哦。

这个可能用不到.

漂亮的衣帽架.

预算 1.095.000 日元

结果 995.000 日元

我们尽力了！

控制在预算内了！

努力是有意义的·

筋疲力尽

可以通过网购、附近的家具店和家居用品中心实现这个愿望!

想置办价格在2万日元以下,自己中意且能小显摆一下的家具!

价格和质量,两手抓两手都要硬!

2万日元以下的好家具

工作用书桌

购于本地家居用品中心(NAFCO),15750日元。

主张!

办公桌是工作的搭档!带抽屉的不错!

想让桌面利利索索的呢!

材料是松木的,选择能显得房间宽敞的浅自然色!

成功!

先把最舒适的高度量好比较方便。

用之前用过的椅子。

打折买的,超便宜!只剩样品,所以把照片发给他确认后就买下了。

谢谢你听我的主张!

能让手臂弯曲90度的高度貌似比较适用。

不客气。

照明 仓敷设计室
8925 日元 × 2 件

白色铝制.

 照明比预想的还有存在感,所以选择和家具百搭的简洁款!

 不喜欢太繁琐的样式.

成功!

- 安装轻质素材,可轻松拆卸!
- 表面光滑易擦拭.

 轻松!

失败? 没有什么失败的地方!

- 选择灯泡的颜色可以让食物看起来美味.

 镜子 网购于 Bellemaison
9450 日元

 全身镜是必需的!不过也没有特别要求,在网上看看!

 都行…… 选哪个?

选择了比他的身高高 10~20cm 的镜子.

不然就会这样……

  好远……

 唯一的要求就是:和房间搭配的又薄又自然的木框镜子!

选择家具的时候要考虑到对方的身高和身材哦!

和墙壁协调的自然色.

钟表

在本地杂货店
订购的. 10.500 日元
(Riki Clook)

每天要看许多次
的钟表, 选择
两个人都
喜欢的品牌!

成功!

因为之前只在
网上和杂志上看到过,
所以打算网购来着……
结果得知本地的杂货店
可以订购! 就算在
居住地, 可能也有能
订购的商店,
去问问试试
反正也没损失!

OK?!

店员

不想在墙上钻孔的话,
可以选择四方形的钟表,
或者把钟表装在 100 日元店的
盘子展示架上.

放上面
就行.

地毯

购于本地家具店
140cm X 200cm
12.000 日元

暄腾

暄腾

没特别要求!
大小够在上面
打滚就行.

首选不带
花纹的驼色.
第二张可以选
有图案的.

因为我吃东西
总掉渣, 所以
可选的比较好~

细细碎碎

打折商品中有适合
四季使用的简约款!
向店员咨询了能否
洗涤和清洁方法之后
就放心了.

2万日元果然是搞不定的。

床

购于本地家具店
含床垫 157.500 日元

他做案头
工作，而我
站着工作，
所以要选择
护腰的床！

把预算和房间面
积告诉店员之后，
决定买双人床！

床头板的
材质与房间
的墙壁和
地板相似。

什么样的床垫适合我们呢？

咨询店员！

一定要躺在床垫上试试！
如果有睡着舒服的床垫
请来咨询。

有床脚的显得大，
收纳箱也容易放进去，
床下 17~20cm
方便使用。

17cm

\ 脖子疼…… /

\ 晃悠~ /

硬床怎么样？

太硬的话简直
像睡在板子上……

软床呢？

脚别陷下
去啊……血液
循环不好会
让脚发冷的。

试试软硬结合的！

腰部对应的位置
柔软，头和脚的
部分硬一些，貌似
这样的适合我们！

半年至1年将头尾对调
一次，床垫更耐用哦！

↑　　　↑　　　↑
硬　　软　　硬

这买的绝不是便宜东西，
所以要在有专业人员的店里咨询后再买！

从本地家具店 得到帮助!

本地的家具商店
竟然没轻视我们,
还给了我们很多专业的建议!

可以实际
摸到。♪

这里真愉快!专业的店

① 把房间平面图和房屋面积告诉对方,
能得到有关相匹配的家具的建议。

这个大小
的话, 正
好可以放
个那样的
架子。

平面图

② 从布置、组装到修理,
售后服务充分!

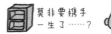

莫非要携手
一生了……?

③ 可以讲价, 还能得到打折信息。

在搬家淡季的
1月和7月,打折的
商品会增多哦!

在家具店养了眼
之后……为了淘到
便宜货,向家居
用品中心出发!

而且……

因为灯光会改变家具的
感觉,还帮忙把店里的
荧光灯换成了白炽灯。
真是帮大忙了!

感激!

从家居用品中心
得到帮助!

家居用品中心的日用品很全!
因为有些东西多买很便宜,
所以无特别要求的东西就在
这里买吧!

① 样品通常会打 6~7 折,
   要是有想要的东西就
   确认一下尺寸吧!

② 装点房间的观叶
   植物超便宜!

这个桌子
正好!

小盆的
500 日元起.

③ 地毯、窗帘和大块布类
   很可能在每三个月
   一次点货的时候打折!

亲眼看过许多材料之后,
只在网上看看说明也
能轻松购买了! 接下来
在网上找找吧!

自己把大件商品拿回家就能把配送
费省掉啦! 有的地方有免费 1 小时
的小卡车, 使用它
的话很合算!

如果想 DIY 的话, 这里
还出租电钻, 也可以
帮你在板子上钻孔!

从网上得到帮助！

想好要买什么牌子的东西之后，假如当地没有，在网上买就很方便了！
确认好材质和大小，就能顺利找到有关信息了！

① 就算忙，两个人也能在家悠闲地购物。

② 当下就能确认库存，决定配送时间。

这天！

这个不错呢~

哈哒

③ 稍微有点让人担心的售后也可以通过邮件和电话沟通，放心！

喂?!

在网上查询后，致电厂商告知自家所在地，能得知附近店铺地址。要是很近的话，可能会免配送费哦！

太棒了！

在网上很难把颜色表述清楚，那么就确认材质吧！如果家里现有的桌子是松木的话，选择同样的松木制品是不会出错的！

同样材质

哦

所以呢，购物的顺序是这样的！

STEP 1 在家具店，根据专业的建议，
斟酌适合房间面积的必要的家具。

床

同意！

要长期使用的物品和有特别要求的物品在这买比较放心吧？

STEP 2 "暂时"需要的东西、无特殊要求的物品
可以在家居用品中心便宜买到！

桌子

观叶植物

简洁的素色窗帘

杂货和毛巾之类的也不可忽视哦！

STEP 3 想要买的品牌货，如果当地没有，可以网购！

材质是松木的。

一样的！

在步骤1、2之后，可以想象得到材质，降低了失败可能！

根据不同物品选择不同店铺，
可以节约时间和预算哦。♡

想把家电也变可爱

家电有种无机物的氛围。可以的话想弄得可爱点……于是我稍微留意了一下！

找到好东西了！

寻找

心头好

amadana 冰箱 2R-241

在第52页出场的冰箱
只是放在厨房就显得很时尚了！性能优越，买得很满意。

寻找 心头好

amadana 桌上音响 AD-203

我之前在用的东西。外形简洁，木制侧面很可爱，
在店里我一眼就相中了！音质也不错 ♪

  防尘 **电饭煲防尘罩**

虽然电饭煲很可爱，
不过灰尘很让人介意，
于是用碎布缝了
一个防尘罩。

① 准备
55cm×55cm
的布片

② 把里子翻过来，
按照电饭煲上方
的尺寸缝线。

 然后盖上
就行了！

格子、碎花……
有用各种图案的，
圆形也适合哦～

选择

 意外的颜色

具备紧张感的台灯

我们一直在规避黑色，没想到以前的台灯竟然让房间的氛围紧张起来了。只在必要时拿出使用。

 寻找

 心头好

idea 灭蚊器

买到好东西啦。

他乐呵呵地说着："买到好东西啦。"拿给我看的就是这个。我也一眼就相中了！因为外观不像驱蚊用的，所以我们很喜欢。

MARKS & WEB
枫木置物筒

在洗脸台烘托生活气息。
把他的剃须刀和我的梳子
放到MARKS&WEB的枫木
置物筒中。两个并排放，
变得萌萌的。

 可爱却有点难以看清的时钟

小巧又有点难以看清的时钟和绿植&小画放在一起，
让洗手间变成一个放松的空间。

美容家电收纳盒

吹风机和美容蒸面器
放在无标记的
棉麻混纺盒子里.
毛巾藏在后面.

 ## 电视柜兼顾收纳 + 装饰架

假如塞太满, 一下就有种老家的感觉.
电视柜下层用来收纳, 上层用作装饰架. 打算以后
在上层的一个格子里放个蓝光播放器!

 加油!

寻找 心头好 迷你烟囱加湿器

从秋天到春天,每晚都用它.
细长简约的造型和房间很配. 功能也让人满意!

 整理 理线带

虽然有专用的收纳盒,
但我们采用了1米200日元的
皮带来整理电线.

看着满意, 💛 用着开心!

我最爱的 15 样杂货!

闹钟（BRAUN）

虽然已经用了5年了,
但它的设计让人毫无厌倦感,
他貌似也很中意.
放在床上方.

呼……

对他来说
声音可能太小……
3150日元

旧感冒药瓶
（POSH LIVING）

盖子有种药瓶独有的
萌感. 把盖子拿掉后
可以插花, 也可以
把扣子放进去做装饰品!

小的399日元　　大的504日元

马口铁角罐（syuRO）

以后会越来越有韵味，
我打算用一辈子。

小的1134日元
大的1344日元

铁丝网文件筐（fog）

在铁丝网文件筐里铺上白色
亚麻布，做成遥控器收纳盒。
遥控器变可爱了呢，喜欢！

1680日元

椭圆形搪瓷盆
（野田珐琅）

用来洗菜或存放腌菜，
不仅方便而且放那
就显得可爱！

5250日元

毛巾挂
（中川政七商店）

一时冲动买下的毛巾挂用在洗手间了。生锈般的复古风同样受到男性的好评！

1260日元

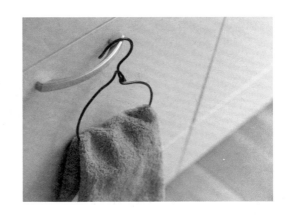

茶壶
（4th-market）

不太想喝咖啡的时候就用这个泡红茶。这个茶壶是我们俩共同的朋友送的！壶口大，方便清洁。

朋友送的礼物

胶带架（堀江陶器）

不知不觉中买下的纸胶带用的
胶带架。喜欢棕色的整洁感。
放在客厅里。

1365 日元

书靠（HIGHTIDE）

我还在学习做料理。边看
料理书边进行特训！
有了它就可以调整到
方便阅读的角度做料理了。
超喜欢。

714 日元

票据插针

把票据和便签唰地插在
上面的样子像店老板似的，
我很喜欢。

945 日元

立式小套装

可以用簸箕和小扫帚把在意的
灰尘唰地扫干净，这种便利性
就是它的萌点啦。样子也很
有味道。

5250 日元

Lisa Larson 的狮子

Lisa Larson 的装饰品会
带来好运。可怜兮兮的
样子看着还挺可爱。

背面也是。

4725 日元

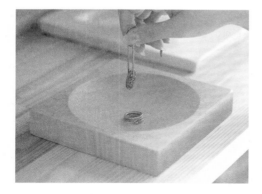

枫木零钱盘
（MARKS&WEB）

贵重戒指和手镯的指定位置。
原来好像是收钱的盘子。

1260 日元

Yonda？马克杯
（新潮社的奖品）

多年前得到的东西，
两个人都很喜欢用.
虽然家里坚持不放
卡通图案的物品,
但 Yonda？是个例外.

花架
（丸和贸易）

虽然大小不够人坐下,
但可以放花和蜡烛.
放地板上做装饰很不错.

1890 日元

Column 3 省空间 & 低成本 如何选择舒适的家具

♥ 不要拘泥于"常规"

在研究室内装饰的时候，成为障碍的往往是"房间小"对吧。不过，这是可以通过选择家具的方式来解决的。

比如说，客厅必须得摆放沙发和茶几，你是否正被这种"常规"所束缚呢？然而，留意一下会发现，我们常坐在地上，拿沙发当靠背（沙发上放着收进来的洗晒衣物⋯⋯），桌上的杂志堆积如山。好好的家具被暴殄天物的情况还真不少。

这种生活方式比较适合低矮的炕桌和手感好的地毯、靠垫。那么，只需要炕桌＋地毯 or 靠垫，就可以实现省空间 & 低成本了。

谁都不坐沙发⋯⋯

家具是让人的生活变得更便利和丰富的道具。为了不让无用的家具占据空间，也不让我们在生活中被家具折腾，请务必选择适合两个人生活方式的家具。

♥　看家具时应该注意的要点

　　选家具的时候，要注意三点内容。它们不仅适用于家具，也适用整体室内装饰，所以请务必参考。

【要点 1】 是否称手?

　　选家具时，请考虑一下能否按照自己的生活方式使用。方法不只有一种。一边设想正在实际使用这个家具的自己，一边选择符合自己生活方式的东西吧。

如果房间小，那种可以随使用目的灵活改变形状的家具是个不错的选择。比如桌面大小可以延长的"延长桌"，可以在有客人的时候打开来用。尤其是桌板高度比寻常餐桌低的"客厅用餐桌"，可以兼顾吃饭和舒适两方面，在不能同时设置沙发空间和用餐区域的时候，推荐使用这款。

　　让我们的想象更自由些吧！例如用书架或抽屉式柜子来代替碗橱。（比碗橱浅，所以省空间，而且多数情况下比碗橱便宜）平时把客人用的椅子和凳子当成小桌或花架的话，就不用买多余的家具了。

【要点 2】弄清楚高度！

　　为了有效利用有限的空间，就算留意了宽度和纵深，也容易不小心忽略高度。天花板有时候会因为横梁或安设管线而有所降低，因此为了不碍事，仔细测量一下设置场所的高度比较让人放心。

客厅用餐桌比餐桌低几公分，不仅适合用餐，还适合工作♪

另外，一般情况下，即使宽度深度相同，有点高的家具比较有压迫感，而不那么高的、背面和脚的部分没那么大的家具有显得房间宽敞的效果。

【要点 3】 拥有坚定的观念！

　　选家具的时候，统一颜色、质感和设计是基础。（虽然也能布置，但我不想突然讲起实用篇）

　　举例来说，如果是乡村风格，家具要选择明亮的自然色，材质则是那种让人能感觉到木头温暖的、有种用旧的手感的物品。与之不符合的物品，无论多喜欢都不买，换句话说，配合家具来转变整个室内装修方向的这种气势是很必要的。

♥ 购物要有轻重缓急

必要的不仅仅是家具，还有很多家电、窗帘、生活杂货等等，一开始很难把它们都置办齐。所以，让我们在购物之前先分配预算，把单品的优先顺序考虑一下吧。

优先顺序靠前的，就是那种没有它就会给生活带来不便的东西。由于人人生活方式不同，无法一概而论，不过冰箱和最小限度的烹饪用品，以及餐具、主屋的窗帘、照明、寝具的预算最好早点确保。其余的，在以后慢慢精选其他物品的时候购置齐整也是很愉快的。那时也要按照构思的风格来选择哦。

此外，没必要全盘控制在低成本。沙发和床等等引人注目且长时间使用的物品，选择既舒适又好看的比较好。还要做好更换面料等保养处理，仔细地用久一点的话，反而容易把成本控制得很低。贵的不一定就是好货，不过便宜的商品不外露的部分做工简单，容易磨损或松动，请注意。

编辑没有喜欢的窗帘，就暂时用伸缩杆和浴巾代替。

暂且对付看吧……

我的不拘泥于"常规"的家具
使用方法。把工作室书架的空间
腾出来一点，当电视柜用。

第 4 章

打造今后的幸福小窝

再喜欢的房间住惯了也只是间屋子？那样的话也太可惜了！有很多小窍门可以让你在今后十年都幸福地生活在现有的房间里。

哈

我怎么知道！

我明明有自己的整理方式！

知好就好。

对不起……

我也有错，

抱歉……

那搞不清楚也正常啊……

这也是

那也是

各自收拾东西，规则可能不统一……

其3，季节性家电等大件物品的位置不固定。

放在空的地方就行了。

其2，采太多的生活杂货。

厕纸超便宜～

其1，小件物品暂时放在某处。

指甲剪先放这吧。

和好之后……

家里收纳乱七八糟的原因就是这个！

其 3, 每天拿东西很不方便。

只好塞进壁橱里了……

其 2, 原有的收纳位置不见了。

其 1, 忘了放在哪里。

指甲剪哪去了?

碍事。

那么怎么办好呢?

这样会导致如下情况!

fog 的箱子是瓦楞纸的,轻便可爱!我买了很多。

里面存放药品、季节性杂货、衣服和小东西。

就是这些!

三大神器

箱子

信封

文件夹

其 1, 可以用三大神器收纳小件物品。

易碎品用布包好。

圣诞小物品放进袋子里。

指甲剪和常用药放在一起。

可以用在发票和收据等所有的生活管理上。旧信封也没关系!

8月收据

9月收据

合同、保证书、使用说明书等等重要文件放这个文件夹里!

说明书

保证书

贴在家庭收支簿上,纳税申报之后再扔掉!

说明书

保证书

同一物品的资料存放在同一页,方便查找!

其2，把储购的杂货放在"应放的位置"。

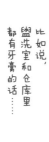

比如说，盥洗室和仓库里都有牙膏的话……

嗯？这里怎么也有？

嗯？

NO

容易出现这种状况……

还以为有，结果没了……

哇，还有呀！

不进行过度储购！

洗手间的架子用来放储购的洁厕剂和厕纸！

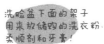

洗脸盆下面的架子用来放储购的洗衣粉、柔顺剂和牙膏！

所以，遵守这样的规则，节省空间和金钱吧！

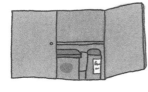

其3·按季节、用途制作收纳地图

仓库右侧

布料、窗帘等春夏的织物放这里。

夏季物品箱

文具类放这个抽屉。

放风扇的地方。

春季物品箱

日常用品箱

其他 合同 保证书

放胶带和绳子。

∪型桌在家居用品中心有售。

这里！

仓库左侧

加湿器电暖器布料。

秋季物品箱

冬季物品箱

HOT

洗剂

用∪型桌把打扫用品都收在这里！

加油吧！

两个人商量制定规则之后，就不会出现"那个在哪儿去了？"这样的事了。

把东西按照春夏秋冬、常用、不常用但重要的分类分开吧。

春

常用

衣 服

我的

小

窍门!

把原本挂在衣架上的围巾、披肩、腰带等可以卷起来的东西……

试着用有用的商品进行收纳。*

卷起来，放进专用的架子上！无印良品1500日元。

只放不怕压的东西。

用可拆卸式抽屉收纳衣服的理由只有一个！

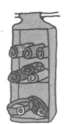

秋冬
秋冬
春夏
春夏

嘿哟

换季的时候把抽屉换换就行了，超简单！

把体积大的帽子摞起来，放进文件盒或垃圾箱里面！圆型箱子会浪费壁橱里的空间……

~3

不擅长收拾上层架子的他，把东西收纳在下层。零碎物品全放在这里！

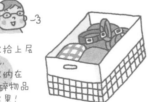

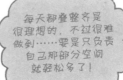

我回来了！

壁橱里有一个"暂存箱"。用篮子的话，轻便可爱！

用名片夹收纳容易缠在一起的饰品，用纸胶带粘住的话，既不会缠住，又一目了然。

每天都叠整齐是很理想的，不过很难做到……要是只负责自己那部分空间就轻松多了！

仅仅作为书挡是不够的，
把木头弄窄一点的话，
瞬间提升稳定感和温暖感！

在家居用品中心
大概300日元
可以买到！有
多个的话，也
可以用作装饰。

索性把资料多的
书架弄成书店风。

100日元店常见的
木制碟碟架，
上面放着袖珍本。
这里放的都是
没看完的书，
放在卧室书架上。

用 "POSCA笔"
在100日元店的垫板上
写上分类，插在书侧，
用英语写很有时尚感。

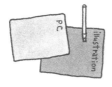

今天
看这本！

这个系列不怎么读，
但又不想扔掉。

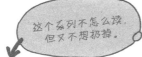

把这样的书躺着
摆起来。用相框
点缀一下就显得
空间有富余了。

薄薄的立不起来的杂志
放进文件盒！并排摆放
显得整洁又方便取放。

厨房

砂糖、芝麻放在WECK的瓶子里统一起来！为了能让他也看清楚，贴上标签，简明可爱！

考虑到节能，不要把冰箱塞得太满！青菜全都放进便当盒，不用保鲜膜。

把每天都用的咖啡用品和茶具放在明显位置！一目了然，他也方便使用！

为了方便爱喝水的他，特意把玻璃杯并排摆放，方便拿取。

用100日元店的书挡收纳平底锅和锅盖。

油、料酒等瓶子类的放在文件盒里！脏了就换，物美价廉！

汤料、辣椒、茶包等放在这种小盒子里。在100日元店就可以买齐。

餐具都放在这里！木盒子显得银色的餐具很晒！筷子盒和牙签也放这里。

时间一天天过去，对房间的

热情

逐渐变淡了。

明明是喜欢的家具，却有点腻味了……？

莫非……

房间老化了？！

震惊

把屋里的绿植踢倒了，本来一直仔细侍弄来着，竟然觉得「碍事」了。

茫然

保持两个人对家的 **新鲜感** 很有必要！

这么一想，两个人都有些邋遢呢……

把睡衣当家居服，完全松懈。

← 穿一条短裤转来转去。

在米白的床罩上铺上
带图案的毯子制造变化！

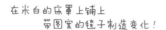

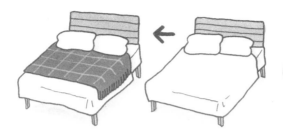

为了让房间
不再老化，进行

小
改
造
吧！

将柔和色调
转变为
明快色调～

把普通的正方形靠垫
变成铺着毛毯的变形靠垫！

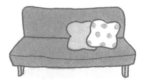

有种自然感！

把电视柜的布收纳盒
换成收纳篮！

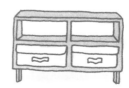

微调一下
灯的高度，
感觉大不同！

位置高有自然感，
位置低显得
成熟时尚！

Modern.   natural.

把小画框换成
大画框的海报！
放在地上改变形象 ♪

把花盆
换成篮子！

在小凳子上
做些装饰就
变成崭新的
植物角啦！

感觉
都能轻松
做到
呢 ♪

用亚麻带子将窗帘
束好，营造自然感！

无意中弄在
地板上的小污渍。

能用橡皮擦掉!

图钉留下的小孔。

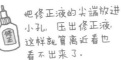

把修正液的尖端放进
小孔,压出修正液。
这样就算离近看也
看不出来了。

自己试着做些
小修理吧。

虽然还是那间房,
但似乎有新鲜感了!

客厅

虽说只放了条
毯子,可是温暖
感一下就
提升了呢!

啊!
那是
原来
放在
客厅
的
小画框!

卧室

首先，改变散漫的我们自己！

回到初衷……去搜寻一下**室内装饰**吧！

两个人看到之前完全没见过的领域，总感觉新鲜！

好可爱的活动雕像。

这个靠垫好软好舒服。

进这里面看看吧。

modern zakka

把这点加入室内装饰的活，房间会变得越来越让人愉快呢♪

活用现有的物品……

接下来挂这个吧。

啊!那个不错呢。

稍微改变一下房间的氛围。

两个人要充分交流一下今后的愿望!

这样一来两个人的关系也能得到治愈呢。

不错。

这个不错吧?

两个人在这间房子里面度过每一天吧!

我也是。

以后也请多关照哦。

好好享受着。

目标♡
Happy Life

收纳，基本中的基本

♥ 目标，不过分坚持的收纳

　　岩上的收纳小窍门（P90 ～ 93）好像马上就可以学起来，真是不错呢！外观可爱这点也很合心意。虽然光是收纳那些事儿就够写一本书，但也无需逞强，记得要"愉快加可爱"哦。话虽如此，基础最重要。在这里先让大家认识一下收纳的基本思路。

♥ 3 个观点解决收纳问题

　　物品的收纳地点可以按照"使用频率"、"使用地点"和"使用者"来区分。先说说"使用频率"。如下三点所述，按照自己使用该物品的多少，来决定收纳位置。

①基本每天要用到的东西（烹饪工具、文具、日常服装等等）

②偶尔会用的东西（工具、常用药、日用品的存货等等）

③季节性用品（圣诞节和新年用品、过季的衣服等等）

　　①类放在看得见、够得着而且方便取放的地方（身高160cm左右的话，地面上方 50～130cm 的高度适合拿放物品）。②类需要和其他物品保持点距离，放在抽屉或架子的深处。③类物品每年只用几次就行了，所以安排在需要梯凳的有些不方便的收纳地点。②类和③类物品放进收纳盒中再收起来，方便取放哦。

　　接下来是"使用地点"。如同本书所描绘的那样，规定原则是：物品要放在使用地点。进一步来说，"内服药常在用餐时服用，所以放在餐桌附近"之类的，把物品和自己的生活方式结合起来考虑的话，就能让收纳得心应手了。

最后一点是"使用者"。就是说根据两人共有物还是个人所有物，来分别摆放的位置。两人共有物放在客厅或餐厅等公用空间，而个人的东西由各自决定收纳位置，然后务必放在那里。

有了这3个观点，就算有时会问"那个哪儿去了?"，也能在某种程度上限定寻找的区域，会变轻松的哟。

♥ 整齐得让人开心，收纳得刚刚好

东西的大小各不相同，常常无法放进想放的地方。这时候，先把物品的大小和高度弄一致吧。比方说,把同样大小的收纳盒摆放在一起，就不会浪费空间，外观也会更美观。

至于服装，从短到长摆放的话，下方会有一些空间，可以放收纳盒。再把衣架统一起来的话会更整齐，能多挂几件衣服。有条件的话，可以在收纳盒上贴标签，也可以在柜门里侧贴上收纳地图，这样做整理整顿 & 个人物品管理可真不错呢。

♥ 任时间一天天过去，也不会零乱的房间

可是，好不容易在思考后决定了怎么收纳，却在过一段时间之后
又乱了对吧。为避免这种情况,制定"处理（回收、丢弃） 规定 归位"
的规则是很重要的。

首先是"丢弃"。比如说，规定出这样的期限：2 年以上没穿过的
衣服和没用过的杂货、出了 2 册新刊的杂志……还可以买了新东西就
处理一样旧物，制定这样定期的规则可以避免东西一直变多。

接下来是"规定"和"归位"。如果不定好收纳位置，东西很快就会
找不到的。"那个哪儿去了?""我不知道!"……我们都经历过这样
的争吵吧。

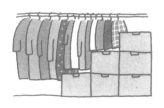

可以充分利用空间！ + 的阶梯形收纳

用上文的"3个观点"（P115）来规定收纳位置，用后一定要"归位"到指定位置。当然，习惯这些之后，就可以做好收纳了。从今天开始，请务必试试"用后归位"。

　　也许只要生活着，东西就会变多的，而且是慢慢地增加，等意识到的时候，所有的东西都挤满了……。我们常听人这么说。为了不让这种情况出现，希望彼此都增强对物品管理的责任感吧。当然，别说"有点责任心！"这种严厉的话哦。（虽然有时候想这么说，但还是忍住了……）还是用明快愉悦的声音说着"一起把这里收拾一下吧！"，共同打造今后永远幸福的小窝吧！

不环保哇！

有的没有
笔帽了……

就是圆珠笔

不"归位"就会增加的东西……

意识到"明面收纳"，家电都
选择有棱角的简约外形，
使之具备统一感。

谢谢!

真的感谢您阅读到这里!

最后——

直面现实

好贵啊. 嗯……

收据

也会吵架

梦想的热情

内饰 室内装饰

在制作这本书的时候，想起了那些布置房间的日子。

辛苦了!

正因如此，完工时的感动才更加深刻！

净是不懂的东西……

居家

家电

后如后觉的事情也有很多。

要是那么做就好了!

那个成功!

辛苦的经历也是现在的宝贵回忆……?

不过,可以的话我还是想少操点心……

真的很辛苦……

如果我在布置房间的过程中所发现的问题能够减轻大家的烦恼。

帮助大家只体会布置房间的乐趣的话,真的很荣幸。

衷心祝愿大家都能打造出幸福的小窝。一起加油吧!

责编今尾、设计中井、印刷人员、经销商、书店、帮我很多忙的男友,始终支持我的家人,一直鼓励我的朋友,在大家的帮助下,本书能够出版真的太幸运了。

还有,各位读者朋友、只要有人能拿起这本书稍微读一下,就能激励我更加努力。

衷心感谢各位。

2010年8月

岩上喜实

气温18℃ 舒服

七分袖的
SAINT JAMES
横条纹T恤.

我的居家服展示。☆

气温25℃ 热

大领口
黑T恤.

外面是不透的
斜纹布短裤.
里面套灰色
打底裤.

在岛村买的打褶连衣裙.
双层纱很舒服.♪

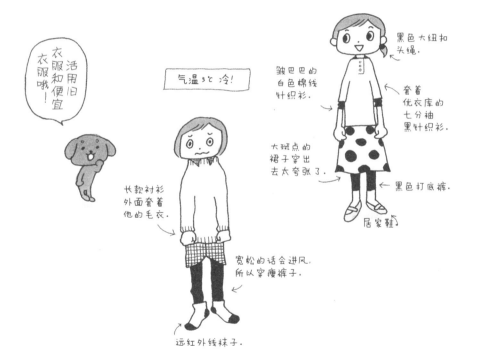

气温 13℃ 有点凉

黑色大纽扣头绳。

皱巴巴的白色棉线针织衫。

套着优衣库的七分袖黑针织衫。

大斑点的裙子穿出去太夸张了。

黑色打底裤。

居家鞋

气温 5℃ 冷!

活用旧衣服和便宜衣服哦!

长款衬衫外面套着他的毛衣。

宽松的话会进风,所以穿瘦裤子。

远红外线袜子。

小幸福

悄悄的幸福

- 当天来回的铁道游览
  江之电、箱根绣球花电车、
  都电荒川线

- 享受电车时间的特殊列车
  房总半岛之旅、流冰钝仔号……

- 沿着铁路全国巡游
  买青春18票前往四国香川、
  见小玉站长……

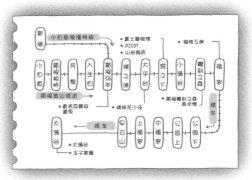

搭乘地方线路吃美食 & 买手信的游览
之旅。
日本全国铁道线路，旅行指南。

《手绘日本铁道之旅》

世图出品

变装癖姐姐、漂在浴缸里的便便、难为情的开放课……松本一家的日常。
日本最大的博客平台 ameblo 育儿类点击第一名。

《我家的3姐妹》(1-4册)

别人眼里的宠物狗，对我们来说就是家人。
养狗生活，就是这个味儿！在这本书里你一定可以找到共鸣。

《我家有只金毛犬》

图书在版编目(CIP)数据

打造日式爱的小窝 / (日) 岩上喜实著; 于森译. --
北京: 世界图书出版公司北京公司, 2015.8
ISBN 978-7-5192-0022-0

Ⅰ.①打… Ⅱ.①岩… ②于… Ⅲ.①住宅—室内装饰设计—日本 Ⅳ.①TU241

中国版本图书馆CIP数据核字(2015)第207908号

ふたりの幸せが続く部屋づくりBy岩上喜实
Copyright 2011 岩上喜实

Edited by MEDIA FACTORY,INC.
Original Japanese edition published by KADOKAWA CORPORATION.
Chinese translation rights arranged with KADOKAWA CORPORATION,Tokyo..
Through Shinwon Agency Beijing Representative Office, Beijing.
Chinese translation rights 2015 by Beijing World Publishing Corporation

打造日式爱的小窝

著　　者: [日] 岩上喜实
译　　者: 于　森
策划编辑: 张子祎
责任编辑: 德晓辰　张子祎

出版发行: 世界图书出版公司北京公司
地　　址: 北京市东城区朝内大街137号
邮　　编: 100010
电　　话: 010-64038355 (发行)　64015580 (客服)　64033507 (总编室)
网　　址: http://www.wpcbj.com.cn
邮　　箱: wpcbjst@vip.163.com
销　　售: 新华书店
印　　刷: 北京博图彩色印刷有限公司
开　　本: 787 mm × 960 mm　1/32
印　　张: 4
字　　数: 128 千
版　　次: 2016 年 01 月第 1 版　2016 年 01 月第 1 次印刷
版权登记: 01-2012-8211

ISBN 978-7-5192-0022-0　　　　　　　　　　　　　定价: 28.00 元